MÉMOIRES

D'UN

MICROBE

par

LE Dr WIART (DE CAEN)

PROFESSEUR A L'ÉCOLE DE MÉDECINE

DEUXIÈME ÉDITION

PARIS

CHEZ COCCOZ, 11, RUE DE L'ANCIENNE-COMÉDIE

CAEN

CHEZ MASSIF, 111, RUE SAINT-PIERRE

LIBRAIRE DE L'ÉCOLE DE MÉDECINE

1882

MÉMOIRES

D'UN MICROBE

MÉMOIRES

D'UN

MICROBE

par

LE Dr WIART (DE CAEN)

PROFESSEUR A L'ÉCOLE DE MÉDECINE

DEUXIÈME ÉDITION

PARIS

CHEZ COCCOZ, 11, RUE DE L'ANCIENNE-COMÉDIE

CAEN

CHEZ MASSIF, 111, RUE SAINT-PIERRE

LIBRAIRE DE L'ÉCOLE DE MÉDECINE

1882

Les maladies naissent-elles spontanément dans l'organisme ? Sont-elles la conséquence d'une infection parasitaire ? Telle est la question autour de laquelle on a dépensé, depuis quelques années, une foule d'arguments que j'ai tâché de grouper méthodiquement.

On trouvera peut-être, si on lit ces pages, que la gravité du sujet comporte peu une forme aussi légère.

Je suis de cet avis et me garderai bien, pour atténuer ma faute, de répéter avec le poëte :

> . . . . . ridendo dicere verum
> Quid vetat ?

Mais je me permettrai de faire observer qu'en écrivant, le plus souvent le soir, après une journée de fatigues, j'ai cherché à me distraire d'abord ; en cela j'ai réussi.

Puissé-je ne pas m'être montré trop égoïste !

L'Auteur.

CHAPITRE Ier.

POURQUOI J'ÉCRIS CES MÉMOIRES. — QUEL-
QUES MOTS DE MES ANCÊTRES.

Ces mémoires, qui renferment les tristes aventures d'une existence laborieuse, n'ont pas été dictés par la vanité.

Poursuivi, traqué, harcelé de toutes parts, environné d'embûches, ne vivant qu'au milieu de périls toujours nouveaux et toujours renaissants, n'ayant plus autour de moi, de quelque côté que se portent mes regards, que des monceaux de cadavres où disparaissent amis, parents, êtres chers à mon cœur, dont le souvenir, j'espère, facilitera la tâche que je m'impose, j'ai voulu, avant de finir ma carrière, vivre encore par la pensée, pendant quelques heures, au milieu de ceux qui ont partagé mes joies et mes peines et conter à mes petits-enfants, si Dieu permet qu'il en reste, ce que fut un de leurs aïeux.

Mais, avant de parler de moi, je crois devoir dire quelques mots de mes ancêtres.

Tout à fait ignorés, leur bonheur tranquille et pur ne fut jamais troublé par ces horribles inventions des hommes contre nous, inventions dont le mérite semble d'autant plus grand qu'elles nous font plus de mal.

Alors tout leur appartenait sans partage ; dès l'origine du monde, comme et plus encore qu'aujourd'hui, on les eût trouvés (1) dans l'air, disséminés en

(1) Nepveu, *Du rôle des organismes inférieurs dans les lésions chirurgicales. — Gazette médicale de Paris*, 1875, p. 4.

grande quantité à toutes les hauteurs, dans l'eau qui nous renferme en quantités énormes, eau de source, de rivière, de pluie, eau de neige fondue, eau réduite en vapeur.

Dans ces milieux immenses, ils se jouaient à l'envi sous le seul regard du Tout-Puissant, et leur quiétude, exempte de tout souci, semblait devoir être éternelle.

Ils n'étaient pas pour cela oisifs : comme tous les êtres créés, ils avaient un rôle à remplir et payaient, comme tous, un tribut. Après avoir, pendant un temps, accompli, sous diverses formes, leur destinée fatale, bien qu'on ait dit qu'il n'y a pas de mort réelle des infiniment petits (1), ils subissaient la loi commune.

Mais cette mort qu'ils ne redoutaient point, parce qu'elle arrivait au terme fixé par la Providence, parce qu'elle

____

(1) Feltz, *Académie des sciences*, 1er mars 1875.

n'était, en somme, que leur ultime métamorphose, les entraînait dans son universel tourbillon sans bruit, sans fracas. Tantôt (1) c'était le végétal qui, par ses sécrétions acides, épuisait leur activité vitale et s'assimilait leur propre substance ; tantôt, participant aux révolutions qui s'opèrent dans les forces actives d'organismes supérieurs, ils disparaissaient (2), les uns, après avoir épuisé l'oxygène nécessaire à leur conservation (aérobies), les autres, au contact des produits terminaux, ammoniaque, acide butyrique, acide lactique, à la formation desquels ils avaient concouru (anaérobies).

Cet état dura de longs, de bien longs siècles. Si quelqu'un, soupçonnant leur existence, eût alors porté contre eux la millionnième partie des accusations

____

(1) J. Lemaire, *Académie des sciences*, 12 octobre 1868.

(2) Nepveu, *loc. cit.* — *Gazette médicale*, 1875, p. 152.

dont nous sommes aujourd'hui les victimes, tout homme de bon sens se fût, comme un de vos savants (1), demandé « comment le créateur de l'homme et des « animaux, qui a donné à chacun d'eux « une existence limitée suivant les espèces, « leur aurait créé, pour vivre et pour « respirer, une existence empoisonnée « d'organismes qui, à la moindre déviation des règles de l'hygiène, iraient « porter un trouble plus ou moins profond dans la vie. »

Alors, un immense éclat de rire eût accueilli celui qui eût dit (2) que pour un mètre cube d'air le chiffre moyen annuel des bactéries est de deux cents, que ce chiffre, très-faible en hiver, croît au printemps, se montre élevé en été et en automne, puis baisse rapidement pendant les frimas; que toute recrudescence des

(1) Devergie, *Académie de médecine*, 24 mars 1874.

(2) Miquel, *Académie des sciences*, 5 juillet 1880.

bactéries aériennes est suivie, à huit jours d'intervalle, d'une recrudescence de décès par les maladies dites contagieuses et épidémiques.

Et nous en sommes là cependant!

Mais, revenons au temps qui n'est plus. Un jour, jour néfaste pour toute notre race, l'homme s'arma d'un verre grossissant (1) et put exercer, aux dépens des êtres placés par leur taille aux derniers degrés de l'échelle, sa curiosité malsaine.

Au verre grossissant succéda le microscope et ses multiples perfectionnements, de telle sorte que ces petits êtres devinrent le sujet d'une multitude d'observations, l'objet d'études, il faut en convenir, toujours consciencieuses et souvent remarquables par la précision de leurs résultats.

Je n'entreprendrai pas de suivre les progrès de cette technique qui nous est devenue si funeste, ni de citer seulement

(1) Lecuwenhock (1680-1723).

les noms de ceux qui se sont suivis dans ces travaux où patience, sagacité, opiniâtreté, talent, tout a été mis en œuvre contre nous avec un ensemble qu'il est impossible de ne pas admirer, quoi qu'il en coûte.

Cette immixtion de l'homme dans la vie, les mœurs, les sentiments les plus intimes de ces microscopiques qu'il appela *vibrions, monades, bactéries, spirilles, micrococcus,* etc., fut d'abord simplement gênante. Tout au plus quelques-uns d'entre eux périrent-ils dans les conditions peu hygiéniques où, pour mieux observer, les enchaînait la curiosité des savants. Ce fut çà et là quelques victimes qui, sans doute, furent pleurées par les leurs, mais dont l'absence cependant ne produisit pas dans la société un vide appréciable.

Ainsi fut-il jusqu'au jour où Pasteur démontra que les seuls agents du mécanisme par lequel la matière organique morte fait retour à l'atmosphère et à l'eau

étaient les infiniment petits (1). « En
« dehors d'eux cette matière, même
« exposée à l'air, ne se détruit pas ou
« ne se transforme qu'avec une lenteur
« extrême, par suite d'une combustion
« lente produite par l'oxygène. Avec
« eux, au contraire, sa destruction prend
« une marche rapide et devient complète.
« Si donc l'équilibre se maintient entre
« la nature vivante et la nature morte,
« si l'air a toujours la même composi-
« tion, si les eaux sont toujours égale-
« ment fertilisantes, c'est grâce aux
« agents infimes de la fermentation et
« de la putréfaction. »

Certes, il y avait là de quoi exalter
leur orgueil, et cette transition subite
de l'abîme au sommet, des ténèbres à
la pleine lumière, était bien faite pour
exciter en eux des désirs de gloire im-
modérés.

____

(1) *Dictionnaire encyclopédique des sciences mé-
dicales*, art. FERMENTATION, p. 556.

J'ai quelquefois, dans mes jeunes années, entendu raconter de curieux épisodes de cette révolution qu'on ne soupçonnait pas devoir nous être si fatale.

Alors, nous étions l'équilibre, la fertilité, la vie de la nature entière ; bientôt nous donnâmes la mort et voici ce qu'on écrivit : (1) « Ils envahissent aussi l'or-
« ganisme vivant et apportent dans leur
« attaque ce double caractère d'infinie
« petitesse dans les moyens apparents
« et d'énergie destructive puissante dans
« les résultats. De là les maladies dont
« la médecine, il n'y a pas encore bien
« longtemps, ne connaissait pas la cause
« et qu'elle commence seulement à rap-
« porter à leur véritable origine. Pour
« qui est au courant des premiers pas
« qu'elle a faits dans cette voie nouvelle
« de recherches, de la fécondité de ses

(1) *Dictionnaire encyclopéd. des sciences méd.*, *loc. cit.*

« aperçus, de la richesse de ses pre-
« miers résultats, il n'est pas douteux
« qu'elle n'arrive bientôt à démontrer la
« nature parasitaire des maladies épidé-
« miques les plus graves. »

La guerre nous fut donc déclarée, acharnée, impitoyable, d'autant plus implacable que l'homme nous considéra, dès lors, comme des agresseurs contre lesquels le cas de défense légitime l'autorisait à user de tous les moyens que lui suggèreraient et son imagination et ses conquêtes scientifiques.

C'est ce long combat dont, témoin depuis quelque vingt ans, je veux retracer les émouvantes péripéties.

Mais, avant d'entrer en matière, je dois vous dire que je me nomme maintenant *Microbe*. Pourquoi ? Je l'ignore : mais si vous désirez le savoir, demandez-le à mon illustre parrain Sédillot (1) qui,

(1) Sédillot, *Académie de médecine*, 11 mars 1878

paraît-il, a été séduit par la brièveté de cette appellation, d'ailleurs approuvée par l'Académie dans la personne de Littré.

CHAPITRE II.

MON ORIGINE, MES PREMIÈRES ANNÉES.

Mon origine est des plus obscures.

Que je me sois fait tout seul, comme certains (1) le veulent, je ne le crois pas et il me répugne de renier ainsi mes parents.

Ai-je pour père un microzyma et suis-je destiné à me résoudre en microzymas (2)? Cette transformation s'opère, dit-on (3),

(1) Pouchet, Trécul, Bastian.

(2) Béchamp, *Académie des sciences*, 22 février 1875.

(3) Béchamp, *Académie des sciences*, 2 août 1875.

quand les tissus chargés de microzymas sont abandonnés à eux-mêmes, soit dans l'empois de fécule, soit dans l'eau sucrée, à moins toutefois que ces tissus n'appartiennent à de jeunes fœtus ou à des cerveaux d'adultes. Si cela est, il me reste un cruel embarras, celui de retrouver quelques liens de famille dans ce monde immense de microzymas dont le nombre est évalué (1) à huit milliards par millimètre cube d'air.

Tout bien considéré, je n'ai pas pour cette hypothèse un penchant prononcé et si, dans notre sphère, les choses se passent quelquefois ainsi, ce ne doit être, selon moi, qu'à titre exceptionnel.

Avant de pousser plus loin cette recherche de mes ascendants, je veux m'expliquer sur un fait qui montre jusqu'à quel point la science éprouve quelquefois le besoin de devenir confuse et emprunte

---

(1) Béchamp, *Congrès de Nantes*, 23 août 1875.

alors ses lumières à l'imagination la plus fertile.

De ce que nous différons les uns des autres par la taille on nous a divisés en *micrococcos*, *mésococcos*, *mégacoccos* : il est, dans la vie, des instants où la solitude est nécessaire, chacun le sait : cela nous a valu le nom de *monococcos ;* dans ceux d'entre nous qu'unissaient deux à deux les liens les plus étroits, on a vu des *diplococcos ;* nous est-il arrivé de suivre à la file quelque étroit sentier, nous voilà des *spectrococcos ;* enfin nos assemblées publiques ont créé les *pétalococcos*, nos manœuvres militaires dans un espace limité, les *gliacoccos* (1).

Et après avoir trouvé tout cela, il n'a pas été difficile de pénétrer le secret de notre naissance. Les diplococcos se dédoublent, les spectrococcos se séparent ainsi que les pétalococcos et les gliacoccos, et voilà des monococcos tout formés.

(1) Nepveu, *Gazette médicale*, 1874, p. 579.

Ce qui m'étonne, c'est qu'on ait mis si longtemps à en arriver à une conclusion aussi simple.

J'y vois cependant quelque chose à redire.

Les diplococcos, spectrococcos, etc., d'où viennent-ils? S'ils sont la réunion d'êtres distincts qui, à un moment donné, reprennent leur individualité, que devient la théorie? Sinon, quelle est leur propre origine?

Nous voilà, peu s'en faut, revenus à notre point de départ et je me crois fondé à discuter encore de quelle façon je suis entré dans la vie. Peut-être ne suis-je que le résultat du développement d'un germe longtemps abandonné dans quelque liquide ou dans l'atmosphère; peut-être mon père m'a-t-il séparé de sa propre substance suivant les lois éternelles de la fissiparité; peut-être encore suis-je issu des entrailles fécondes de ma mère expirante.

Quoi qu'il en soit de ce mystère insondable, calmes et heureuses furent mes premières années, et mes plus lointains souvenirs ne me retracent que de riantes images. Sites enchanteurs sur lesquels mes yeux s'ouvrirent à la lumière, prairies parfumées où je pris mes premiers ébats, ondes paisibles qui reçurent plus d'une fois mes membres allanguis, qu'êtes-vous devenus ?

J'avais bien entendu dire qu'à diverses reprises quelques-uns des nôtres, fourvoyés par mégarde, avaient été trouvés dans le sang d'animaux (1), qu'on les avait recueillis pour les transplanter (2) dans un milieu nouveau où, avec cette facilité dont la nature nous a doués de nous acclimater partout où le hasard nous amène, sauf à y subir les modifications nécessaires à notre nouvelle exis-

(1) Rayer, *Bulletin de la Société de Biologie*, 1850. — Delafond, *Bulletin des séances de la Société des Vétérinaires*, 1860.

(2) Signol, *Académie des sciences*, 10 août 1863.

tence, ils s'étaient développés, avaient pullulé, en un mot avaient fondé, en toute sécurité, des colonies prospères.

Ces récits avaient été accueillis par moi, sinon avec incrédulité, du moins avec l'insouciance et l'étourderie du jeune âge.

L'expérience devait bientôt m'en punir.

CHAPITRE III.

1863. —— MES PREMIÈRES AVENTURES.

Ce fut dans une chaude journée de
juillet 1863 que, poussé par ma mauvaise
étoile, et peut-être aussi cédant à de pervers conseils, je me laissai entraîner à
faire une excursion aux environs d'une
petite ville du nom de Dourdan.

Des moutons paissaient sans défiance
dans les vertes prairies ; comment ai-je
été transporté dans les veines de l'un
d'eux ? Je l'ignore : toujours est-il qu'à
ma grande surprise je m'y retrouvai avec
quelques - uns de mes compagnons de

plaisir, et que, comme des niais que nous étions, nous continuâmes à folâtrer, trouvant dans un mode de locomotion encore inconnu pour nous des charmes inexprimables. Nous en fîmes tant et tant que la pauvre bête succomba bientôt.

Dire si je fis alors sotte figure et si je me trouvai embarrassé de ma petite personne, est au moins inutile.

Ne sachant que devenir, fort inquiet du sort qui m'était réservé, je m'abandonnais entièrement au désespoir, lorsque tout à coup une main inconnue ouvrit les entrailles de notre victime et me rendit la liberté.

Je dois confesser ici toute la vérité, si pénible qu'elle soit. Ébloui par la clarté du jour, tout à mon bonheur, ne pensant qu'à ma propre sûreté, je n'eus pas honte de m'enfuir, abandonnant ceux qui venaient de partager mon effroi.

Ce que devinrent quelques-uns d'entre eux, je l'ai su depuis : enfermés dans une étroite prison, ils furent expédiés au loin et inoculés les uns à des lapins, les autres à un rat blanc (1).

Ceux-ci se laissèrent aller à la mélancolie : leurs forces déclinèrent peu à peu et la mort vint bientôt mettre un terme à leurs misères.

Les premiers, au contraire, supportèrent héroïquement ce nouveau coup du destin, et, loin de se laisser abattre, ils montrèrent ce que peut le courage au service d'une noble cause ; ce fut une hécatombe de lapins innocents, martyrs d'une science barbare, et dont les mânes ne cesseront de se dresser contre leurs véritables bourreaux.

Sorties triomphantes de ce combat, les bactéries, cependant, n'étaient pas à l'abri des embûches : on les dessécha, on les plongea dans l'acide sulfurique, dans une solution concentrée de potasse caustique, on éleva leur température à 95°, à 100° ;

(1) Davaine, *Académie des sciences*, 27 juillet 1863.

on les maintint dans de l'eau en ébullition pendant dix minutes (1); elles traversèrent victorieusement toutes ces épreuves.

Mais revenons à ma propre histoire.

J'ai dit que j'ignorais comment j'avais pu pénétrer dans le sang du mouton; je ne suis guère plus avancé aujourd'hui : cependant l'expérience acquise m'a permis d'établir quelques suppositions qui valent au moins d'être discutées. J'ai dit aussi que l'animal avait succombé victime de nos excès.

Ces deux points méritent de nous arrêter un instant.

Il m'en souvient encore fort bien, quoique le fait date de longtemps, je me reposais sur un brin d'herbe lorsque, tout à coup, je sentis que je m'engouffrais malgré moi dans une sorte d'étuve; là je fus tellement ballotté, j'éprouvai de telles secousses que je perdis entièrement conscience de ce qui se passait.

(1) Davaine, *Académie des sciences*, 10 août 1863.

Je ne repris mes sens que plus tard, on sait où.

Or, qu'était-il arrivé dans ce laps de temps ? Ai-je, à l'aide de mouvements browniens (1), traversé quelque membrane ; ai-je pu, par un chemin tortueux, m'insinuer dans quelque vaisseau des voies digestives ou respiratoires ? Mais, si je triomphe de tous les obstacles, si je franchis toutes les barrières, si l'épithélium pulmonaire (2) ne me résiste plus, si les sucs sécrétés par l'estomac (3) ne me causent aucun souci, où m'arrêterai-je ?

Quelque haute opinion que je conserve de moi-même, j'aime mieux croire à l'état pathologique (4) de la muqueuse qui m'a livré passage. Je ne demande, d'ailleurs, rien autre que la chute de quelques cel-

(1) Chauveau, *Académie des sciences*, 2 novembre 1868.

(2) Coze et Feltz, *Gazette médicale*, 1868, p. 651.

(3) Lemaire, *Gazette médicale*, 1868, p. 651.

(4) Danet, *Académie de médecine*, 12 mai 1874.

1*

lules épithéliales (1) pour pénétrer dans les interstices du tissu conjonctif, dans les réseaux lymphatiques, les plus fins capillaires et m'élancer enfin dans les vastes régions de l'inconnu.

Et voyez que cela est simple ! Je suppose, car il ne faut pas oublier que nous restons dans le domaine de l'hypothèse, que près de mon brin d'herbe se trouvait un chardon ou un épi d'orge (2), l'animal le mâche gloutonnement ; la gourmandise lui fait oublier la douleur, et la pointe acérée du végétal, en le déchirant, le livre tout entier à ma discrétion. Si cette vertu, malheureusement pour lui, me fait défaut, vous pouvez dès maintenant prononcer son oraison funèbre.

Eh bien, non ! je ne me croirai jamais si terrible, et c'est en réalité pour ne pas montrer à mes adversaires un trop mauvais vouloir et les forcer à m'écouter

(1) Barbosa, *Gazette médicale*, 1877, p. 194.
(2) Pasteur, *Gazette médicale*, 1879, p. 118.

jusqu'au bout, que je me suis accusé d'avoir participé à la mort du mouton.

Comment, en effet, l'aurions-nous tué? Les moyens qu'on nous prête ne péchent-ils pas par leurs excès mêmes?

On dit que nous faisons sortir les globules blancs des vaisseaux capillaires (1); ou bien on explique par notre présence dans ces globules blancs leur immobilité et leur stagnation dans ces mêmes vaisseaux : de là, dans le foie, la rate, les reins, formation d'abcès miliaires périglomérulaires (2). Mieux encore, nous absorbons tout l'oxygène du sang de nos victimes asphyxiées (3), et ce qui le prouve du reste, c'est que, dans un vase clos, la capacité respiratoire du sang

(1) *Gazette médicale*, 1875, p. 225. Gresseler et Hueter cités par Nepveu.

(2) *Gazette médicale*, 1875, p. 225. Recklingausen cité par Nepveu.

(3) Théorie de Pasteur. Toussaint, *Académie des sciences*, 13 août 1877.

augmente quand ce sang contient des bactéridies (1), et de 20 % s'élève alors à 26 %. A ceux qui préfèrent la mécanique à la chimie, on fait examiner au microscope le misentère d'un lapin inoculé (2) ; ils voient nos colonies se former, obstruer les capillaires et le lapin mourir par rétrécissement graduel du champ respiratoire. S'il ne leur est pas donné d'admirer ce *splendide spectacle*, l'animal a succombé, parce que nous avons sécrété une matière phlogogène susceptible d'enflammer les organes (3).

Mais, alors même que nous serions capables de tout cela, jusqu'où va notre culpabilité si nous n'avons végété dans le sang de mouton que parce que ce sang

(1) Regnard, *Société de Biologie*, 16 février 1878.

(2) Toussaint, *Académie des sciences*, 3 décembre 1877.

(3) Toussaint, *Académie des sciences*, 1er avril 1878.

était altéré d'avance et contenait des germes de mort?

N'a-t-on pas écrit (1) que le sang normal est aussi nuisible aux bactéries que les périodes les plus avancées· de la putréfaction ; — qu'il est nécessaire, pour qu'elles se développent dans les liquides organiques, que des substances chimiques s'y forment, aux dépens desquelles elles puissent vivre ; — que pendant l'inflammation aiguë au moment de la décomposition du parenchyme des tissus, prend naissance un corps particulier, un zymoïde phlogistique (2), de nature inconnue, mais qui leur est éminemment favorable? N'est-ce pas cette même idée qui a été exprimée en disant (3) que la bactérie ne peut se développer dans les milieux sains, qu'elle se déve-

(1) Nepveu, *Gazette médicale*, 1875, p. 6.
(2) Bilroth cité par Nepveu.
(3) Danet, *Académie de médecine*, 12 mai 1874.

loppe si la maladie ou la catalyse a modifié les matières fermentescibles ?

Or, si le mouton était déjà malade.....

Mais à quoi bon discuter ? Reprenons plutôt le fil de mes aventures.

CHAPITRE IV.

1863 - 1867. — JE VIS DANS LA SOLITUDE.

Mon début malheureux dans la carrière me rendit extrêmement peureux et je m'armai dès lors des plus minutieuses précautions. Mais qui peut échapper à sa destinée ? Quelques mois s'étaient à peine écoulés que je retombais, en Italie, sous le regard d'un homme (1).

Cette fois encore j'en fus quitte pour quelques horions et me tirai de la bagarre sans trop de dommage.

(1) Tigri (de Sienne), *Académie des sciences*, 12 octobre 1863.

Cependant, dans ces tristes épreuves, les heures avaient été pour moi bien longues, ma santé s'en était ressentie : une vieillesse prématurée avait gravé sur mon front dégarni ses rides précoces, et au calme insouciant du jeune âge avaient succédé dans mon âme les préoccupations et les orages de la maturité.

Dégoûté du monde, je me résolus à vivre dans une retraite absolue : les âpres jouissances de la solitude me tentèrent, et plusieurs années durant je trouvai dans l'obscurité le bonheur qui semblait m'avoir fui pour toujours.

J'eus cependant la curiosité de connaître ce qui se disait, ce qui se faisait de nous et me tins assez généralement au courant d'expériences desquelles je sus demeurer à l'écart.

J'appris ainsi que certains d'entre nous prendraient le nom de *bactéridies* (1), que

(1) Davaine, *Gazette médicale*, 1864, p. 452. *Nouvelles recherches sur le sang de rate.*

le sang qui nous contenait était inoculable (1), c'est-à-dire capable de transmettre la maladie de l'animal d'où il avait été tiré à un animal sain, que la putréfaction lui enlevait cette propriété d'ailleurs variable en durée suivant la température extérieure. Je sus aussi que nous supportions la dessiccation la plus complète et alors une température de 100° avec une complaisance qui fait honneur à notre caractère.

Nous ne sommes cependant pas parfaits et nous restons susceptibles de certains caprices. On nous glisse sous la peau d'un lapin : il meurt ; sous celle d'une grenouille, d'un moineau, d'un pinson, d'un verdier : ils n'offrent aucun phénomène morbide ; deux poulets ont même la mauvaise grâce de devenir gros et gras après l'opération.

L'homme n'échappe pas à notre empire. Se trouve-t-il en contact avec des animaux

(1) Davaine, *Académie des sciences*, 22 août 1864.

contaminés, vite, nous fondons sur lui et une pustule maligne lui apprend bientôt ce qu'il en coûte à nous disputer notre proie (1).

D'ailleurs, l'organisme humain nous appartient désormais. On scrute les fosses nasales, les bronches enflammées, le conduit auditif externe (2), le sang des malades atteints de fièvre typhoïde (3); partout on nous rencontre, partout nous déployons, avec une audace insensée, les talents dont nous a doués la bienveillante nature.

Quelques microbes montrent même, en présence des indiscrets, certaine malice qu'on ne saurait leur reprocher : on les cherche partout, on examine toutes les

(1) Davaine et Raimbert, *Académie des sciences*, 29 août 1864.

(2) Pouchet, *Académie des sciences*, 7 novembre 1864.

(3) Tigri (de Sienne), *Académie des sciences*, 19 septembre 1864.

branches périphériques de l'arbre circulatoire ; rien ! Se rapproche-t-on du tronc, étudie-t-on les veines de la circulation pneumo-cardiaque gauche, les mauvais plaisants, forcés dans leurs derniers retranchements, vous sautent aussitôt aux yeux (1).

C'est pour cela, sans doute, que, considérant les poumons comme notre lieu d'élection, on prétend, par l'emploi des préparations balsamiques, nous anéantir sans retour (2) et rendre au malade une santé florissante.

Il est vrai de dire aussi que, pour nombre d'expérimentateurs, nous avons conservé toute notre innocuité et que nous demeurons pour eux vierges de tout forfait, — que nous savons user, sans en abuser, de l'hospitalité qu'on nous offre (3),

(1) Tigri, *Académie des sciences*, 2 janvier 1865.
(2) Tigri, *Académie des sciences*, 5 février 1866.
(3) Leplat et Jaillard, *Académie des sciences*, 1er août 1864.

et qu'au moment convenable nous disparaissons sans laisser trace de notre passage.

Dans le cours de ces mémoires, nous aurons, d'ailleurs, quelquefois le bonheur de rencontrer çà et là des âmes charitables, auxquelles je voue la plus profonde et la plus éternelle reconnaissance.

Qu'à un moment donné, cette reconnaissance puisse se traduire par des actes, et on verra que nous conservons le souvenir des bienfaits, et que, dans notre cœur, si petit qu'il soit, il y a place au souvenir peut-être autant que dans celui de bien des hommes.

Plût à Dieu que la gratitude fût même le seul mobile capable d'accélérer ses battements et que fussent bannies toutes les passions que vous vous figurez peut-être incompatibles avec l'exiguité de l'espace occupé par un microbe !

CHAPITRE V.

1867. — UN MICROBE DANS UNE CASERNE.
— JE RENTRE DANS LE MONDE. — LES
MYCROZYMAS.

J'avais, malgré ma vie retirée, conservé quelques relations extérieures que je considérais comme indispensables à ma propre sécurité. Il m'arrivait même quelquefois de dépasser les limites de mes promenades quotidiennes ; mais je ne m'éloignais jamais beaucoup de ma demeure, tant persistait en moi le sentiment pénible du passé.

Un beau jour, je rencontrai par hasard

un de mes anciens amis. Comme moi, il avait été victime de perfides machinations, on l'avait aussi accusé de donner le charbon (1) et condamné à être brûlé vif : mais, tandis que d'autres, moins robustes sans doute, n'avaient pu supporter une température de 52°, il avait résisté quand même et profité du désarroi général pour recouvrer sa liberté perdue.

D'un caractère ferme, il ne s'était pas laissé abattre par sa mauvaise fortune ; il s'était dit que, pour éviter le danger, il faut, avant tout, le bien connaître, et, décidé à tout entreprendre pour s'armer contre les embûches qu'il savait semées sous ses pas, il avait promené çà et là son audace et sa témérité.

Loin d'éviter les réunions mondaines, loin de fuir les hommes, il les avait suivis partout où il avait cru trouver

(1) Davaine, *Académie de médecine*, 3 décembre 1867.

quelque chose à apprendre, d'utile à ses desseins : son œil exercé, sa sagacité toujours en éveil, son sang-froid imperturbable lui avaient bien des fois permis de se tirer de mauvais pas où bien d'autres auraient laissé leurs os ; en un mot c'était un maitre microbe.

Sa dernière expédition mérite d'être racontée.

Il se trouvait, avec un hardi compagnon, près de Saint-Denis, au fort de l'Est, occupé alors par des militaires arrivant du camp de Châlons. Le bruit du tambour, le mouvement des troupes, les allées et venues des soldats, tout ce brouhaha qui est le complément obligé d'un changement de garnison, éveillèrent la curiosité de nos aventuriers. Voulant étudier sous plusieurs faces la même situation, ils se partagèrent la besogne et choisirent pour résidence l'un une casemate, l'autre, mon ami, une chambre de la caserne, au second étage.

Tout alla bien jusqu'au soir ; mais,

à certain moment, quelqu'un vint, qui suspendit au plafond de la chambre un globe de verre rempli de glace.

Cet appareil, quoiqu'il n'eût rien de bien effrayant, excita les soupçons du microbe ; il se croit très-prudent en s'en approchant : O terreur ! Un tourbillon s'élève qui l'entraîne et le cloue aux flancs humides du perfide engin. De là recueilli dans un flacon neuf, puis porté sur une plaque de verre sous le champ d'un microscope, il attend le moment favorable où l'observateur l'aura perdu de vue pour regagner, l'eau qui l'englobait étant évaporée, les libres espaces de l'atmosphère (1).

Bientôt il retrouva son camarade auquel même piége avait été tendu et qui s'en était tiré avec un égal bonheur.

Plus ardents que jamais, et d'ailleurs rassurés par cette conviction que le seul

(1) Jules Lemaire, *Académie des sciences*, 16 septembre 1867.

but de l'expérimentateur était de constater leur présence et que, par conséquent, la visite terminée, il leur serait loisible de reprendre le cours de leurs voyages, ils se firent un véritable amusement des perquisitions minutieuses de celui-ci, sur la peau même des habitants du fort, dans les aisselles, dans la bouche, etc. (1). On eût dit des enfants libres pour la première fois de la surveillance de leur mère, des échappés de collége, tant, dans cette folle équipée, ils déployèrent d'insouciance et de sans-gêne.

J'aurais besoin de l'entrain avec lequel il narrait tout cela pour faire comprendre comment il triompha peu à peu de mes scrupules, et me fit admettre dans un cercle formé par un certain nombre de microbes, gens d'expérience, qui, unis les uns aux autres par les liens les plus étroits, trouvaient dans cette solidarité

(1) Jules Lemaire, *Académie des sciences*, 14 octobre 1867.

la force de résistance indispensable à la période troublée que nous traversons.

Vers cette époque se fit jour une théorie scientifique dont j'ai touché quelques mots à propos de mon origine et avec laquelle je veux en finir. Cette théorie nous fait dériver des granulations qui se trouvent dans tous les tissus et que l'on a appelés *microzymas* (1). Ainsi, nous naissons de la mère du vinaigre (2), de la fibrine du sang (3). — De microzymas devenus bactéries, nous redevenons plus tard microzymas et sommes, par là même, le commencement et la fin de toute organisation (4). — Une fibre musculaire se désagrége sous l'œil du micrographe et devient le point de dé-

(1) Béchamp, *Académie des sciences*, 4 mai 1868.

(2) Béchamp, *Académie des sciences*, 12 juillet 1869.

(3) Béchamp, *Académie des sciences*, 20 septembre 1869.

(4) Béchamp, *Académie des sciences*, 3 mai 1870.

part de bactéries et de micrococcus (1). —
Une irritation quelconque suffit pour
produire cette transformation du microzymas en bactéries dans le tube intestinal des animaux supérieurs (2). — Le
froid dans les cellules végétales amène
une métamorphose analogue (3).

C'était une ancre de salut et la confiance renaissait chez nous au fur et à
mesure que les savants s'efforçaient de
faire prévaloir dans les Académies cette
nouvelle hypothèse.

Si les éléments normaux de tout organisme sont des germes susceptibles d'évoluer en microbes, rien n'est capable de
mettre obstacle à cette métamorphose et
sa fréquence incontestable est un sûr
garant de l'innocuité des êtres qui naissent alors à la vie.

(1) Reindfleisch cité par Lépine, *Gazette médicale
de Paris*, 1872, p. 545.

(2) Béchamp, *Académie des sciences*, 5 mai 1873.

(3) Béchamp, *Académie des sciences*, 22 février
1869.

Or, d'une part, si l'existence de ces êtres est un fait nécessaire, si, d'autre part, les qualités nocives qu'on leur prête sont controuvées, à quoi bon leur faire la guerre? Pourquoi perdre sa peine à chercher l'impossible?

Voilà ce que nous nous disions, ce qui exaltait notre audace, ce qui pour beaucoup d'entre nous, pour moi peut-être, fut l'origine de bien des adversités.

CHAPITRE VI.

1868-1872. — LES PLANTES GRASSES. — LES MOUCHES.

Cette revue rétrospective m'offre malheureusement plus d'une occasion de déplorer des fautes sinon voulues, au moins irréfléchies ; mais, rigueur n'est pas justice, et je ne vois pas pourquoi je ne prendrais pas quelquefois à partie mon mauvais destin.

Vous le verrez plutôt par ce qui m'arriva en février 1868.

Je faisais innocemment ma sieste sur un tas de feuilles en décomposition. Sous

moi, tout à coup, se glissa traîtreuse-
ment une lame acérée. Cris, pleurs,
résistance, tout est inutile ; je suis vigou-
reusement entraîné et déposé quelques
minutes après sous l'épiderme d'un
opuntia cylindrica ou d'un *aloe translu-
cens* (1), je ne saurais trop le dire.

Je n'étais pas la seule victime de cet
odieux guet-apens qui, en définitive, nous
faisait une situation très-sortable et nous
mettait dans des conditions d'existence
aisées. Cependant j'étais mécontent : ainsi
transplanté contre mon gré, je cherchai
un moyen de m'enfuir et je profitai, dès
qu'il me fut possible, d'une petite fissure :
le suc du végétal, s'écoulant au dehors,
me servit de véhicule et je respirai, cette
fois encore, l'air pur de la liberté.

Bien m'en prit ; car l'arbuste (la chose
est à peine croyable) fut soumis, dans le
but de nous détruire, à une chaleur qu'il
put lui-même à peine supporter, à 55°,

(1) Davaine, *Académie des sciences*, 9 mars 1868.

de telle sorte que mes tristes compagnons périrent dans d'affreuses tortures.

Et pourtant, à en juger par quelques apparences, il semblait que l'âge d'or dût renaître pour nous. Nous convoitons une plante? Vite, on enlève de ses racines un fragment d'épiderme, et devant nous les voies s'ouvrent larges et faciles (1). Nous sommes harassés de fatigue, mourants de soif, desséchés jusqu'à l'immobilité? Un bain à 25° dans lequel on nous plonge nous rend en peu d'instants nos forces défaillantes (2). Pour adoucir l'amertume des épreuves expérimentales dont nous ne cessons d'être l'objet et rendre moins pénibles les changements de milieu qu'on nous inflige, on prend les mesures nécessaires pour que nous ne soyons pas séparés los uns des

(1) Davaine, *Société de Biologie*, 16 mai 1868.
(2) Jules Lemaire, *Académie des sciences*, 20 septembre 1868.

autres et que ne soient pas rompus les liens qui existent entre nous (1).

Tout n'était pas roses cependant : Il me souvient qu'un jour d'octobre 1869, après quelques mois laissés à la paresse, je me trouvai sur une lame de verre, au milieu d'un océan d'eau distillée et garanti du contact de l'air par une cloche qui nous enveloppait. Mais sous cette cloche nous n'étions pas seuls ; d'affreux animaux voltigeaient çà et là, faisant entendre d'insupportables bourdonnements. Ils nous couvaient de leurs gros yeux hagards et semblaient se disputer leurs victimes demi-mortes de peur.

De ces bêtes hideuses, les unes étaient armées d'une sorte de trompe acérée, véritable instrument de succion (*taons, hematopotes*), les autres présentaient au devant de leur orifice buccal un simple appendice court, mou, à grosses lèvres

(1) Davaine, *Société de Biologie*, 27 février 1869.

(mouches domestiques , mouches à viande) et semblaient par là moins redoutables.

Mais combien la mine est trompeuse : nous vîmes bientôt que les premières éprouvaient pour nous autant d'antipathie qu'elles nous inspiraient de terreur, tandis que les autres faisaient ample curée à nos dépens, à tel point que bientôt ailes, pattes, trompe, tube digestif, tout en elles, *intùs et extra*, fut imprégné de bactéridies.

Que beaucoup de microbes aient été plus tard déposés par elles sur la peau d'animaux supérieurs, cela n'est pas douteux. Or, ces mêmes microbes traversent une membrane épidermique disposée de façon à clore un tube dans lequel ils sont déposés : dont les cellules épithéliales, si bien enchevêtrées, si bien imbriquées qu'elles soient dans la peau de l'animal, ne font pas obstacle à leur pénétration..... et l'on arrive ainsi à cette conclusion fantastique, que les mouches charbonneuses sont celles qui ne donnent pas le charbon et réciproquement (1).

Pourquoi faut-il que cette conclusion si nette, si plausible, ait été plus tard infirmée? que l'on ait considéré les mouches à viande comme susceptibles d'inoculer le virus seulement si elles le déposent sur une plaie, tandis que les mouches armées, les mouches piquantes, et particulièrement les taons, seraient les véritables propagateurs du charbon (2)?

Et que penser après cela de ces gens qui ne veulent rien admettre, qui vous disent, par exemple, que si les mouches étaient les agents de la transmission, il ne suffirait pas de faire émigrer les troupeaux pour voir les épizooties disparaître, puisque les mouches, en suivant les troupeaux, transporteraient partout le mal

(1) Raimbert (de Châteaudun), *Académie des sciences*, octobre 1869,

(2) Davaine, *Académie de médecine*, 1er mars 1870.

avec elles (1) ; qu'il a fallu, pour qu'une mouche puisât premièrement le virus sur un animal charbonneux, que le charbon se fût développé spontanément sur cet animal et que, par conséquent, rien ne s'oppose à ce qu'il se développe spontanément, sous l'influence des mêmes causes, sur un certain nombre d'animaux (2) ; que l'épizootie peut se montrer en hiver dans les étables, alors qu'il n'y a pas de mouches (3) ; qu'on a vu en Auvergne une montagne, sans doute respectée par les mouches, séparer des troupeaux dont les uns étaient décimés, tandis que les autres étaient complétement indemnes (4) ?

Quel chaos, bon Dieu ! et comment s'en tirer ? Pour ma part, j'y renonce ; tout

(1) Leblanc.
(2) Bouley.
(3) Bouley, Hugard, Colin.
(4) Bouley.

ce que je sais, c'est que, sorti de ma cloche sous les ailes d'une *musca domestica*, je m'étais empressé de prendre la clef des champs.

CHAPITRE VII.

1872 a 1875. — L'ÉRYSIPÈLE. — INOCULATIONS ET ANTISEPTIQUES. — MES DÉFENSEURS. — LES CHIFFONS, LA OUATE ET LES CHIENS.

Comment nous laissa-t-on vivre en paix ou à peu près pendant quelques années, je ne saurais le dire : toujours est-il que nous crûmes, un temps, que, las d'investigations inutiles, on avait pris à notre égard le meilleur parti, celui de l'indifférence.

La reprise des hostilités fut même signalée par l'apparition d'une hypothèse assez hardie pour justifier nos espérances, en montrant combien les résultats obtenus satisfaisaient peu les savants. Nous cessâmes d'exister à l'état d'individus et notre carrière se borna à une série de métamorphoses successives : ni végétaux, ni animaux, nous fûmes tour à tour matière albuminoïde, bactéries, *mycoderma cerevisiæ*, levûre lactique, penicillium, etc. (1). J'ajoute que cette doctrine fut bientôt combattue (2), dans l'enceinte même où elle s'était produite.

Mais, à partir de ce moment, nous recommençâmes à attirer l'attention du monde scientifique, et on alla jusqu'à analyser quelles étaient, dans la nature, les substances auxquelles nous empruntons les matériaux de notre organisation. On vit que, dans des circonstances données, l'urée, l'acide urique, l'acide

(1) Trécul, *Académie des sciences*, janvier 1872.

(2) De Seynes, *Académie des sciences*, février 1872.

hippurique, la leucine se dédoublent en présence des bactéries, et on en conclut que celles-ci consomment de l'azote (1).

A l'hôpital Lariboisière, où je passais alors, avoir un érysipèle devint un cas pendable : aux piqûres sur les plaques enflammées succèdent les piqûres faites aux doigts des malades, et le sang examiné à un fort grossissement, à l'aide d'un objectif à immersion, montre, dans le champ du microscope, *de une à cinq bactéridies* se laissant mollement bercer par le courant (2).

Toute négation devint donc impossible, toute justification aventurée; l'ennemi est là : aux armes!

Et les médecins de nous poursuivre, qui par l'hydrothérapie (3), qui par le sul-

(1) Lex cité par Lépine, *Gazette médicale*, 1872, p. 557.

(2) Nepveu, *Société de Biologie*, 10 janvier 1872.

(3) Dr Hoffmann, *Gazette médicale*, 1872, p, 339.

fate de quinine (1), qui par l'hyposulfite de soude (2).

Et les physiologistes de reprendre leurs inoculations, mais avec des chances bien diverses, suivant qu'ils opèrent sur divers animaux : lapins, cobayes, rats, souris, poules (3), chevaux, chiens, moutons (4). Le nombre, d'ailleurs, de bactéridies inoculées est absolument hors de cause : on ne parle plus que de dilutions, au millionnième, au billionnième, au trillionnième, des liquides suspects. Les microbes prolifèrent sur place ; puis, quand ils se sentent en force, ils montent à l'assaut et envahissent bientôt toute la masse du sang (5). Il se peut même faire

(1) Dr Binz, *Gazette médicale*, 1872, p. 339.

(2) Dr Polli cité par Giraldès, *Académie de médecine*, 8 octobre 1872.

(3) Davaine, *Académie de médecine*, 8 octobre 1872.

(4) Bouley, *Académie de médecine*, 15 octobre 1872.

(5) Vulpian cité par Lépine, *Gazette médicale*, 1872, p. 635.

(voyez comme tout s'enchaîne) que leur ardeur prolifique amène une inflammation telle au point inoculé, que toute infection de l'organisme soit impossible. Et voilà pourquoi échouent quelques expériences.

Et puis, après une injection de sang rempli de microbes, ne croyez pas que l'animal soit voué fatalement à la mort. Les bactéridies qui ont pénétré dans les globules blancs disparaissent peu à peu *si l'animal doit guérir* (1). Ou bien encore, si l'injection se fait dans une glande séreuse, celle-ci retient, comme un filtre, les parasites qui se croyaient déjà seuls maîtres du terrain (2).

Mais doit-on se rebuter devant un insuccès ? Non, mille fois non. Multipliez, variez les modes opératoires, tuez les grenouilles en déposant quelques

(1) Birsch Hirschfeds cité par Lépine, *Gazette médicale*, 1873, p. 2.
(2) Vulpian, *loc. cit.*

gouttes de cyclamine sur leur muqueuse œsophagienne (1) ; rappelez-vous que les pêcheurs piqués par la petite vive n'éprouvent d'accidents que parce que le mucus qui imprègne leur nageoire renferme constamment des bactéridies, et de votre laboratoire sortira, armée de pied en cap, la théorie nouvelle de la *bactériémie* ou de la *mycétémie* (2). Et pourquoi vous arrêter en route ? Faites que Jeannot Lapin sache bien qu'il n'a pas à craindre seulement votre sensualité gastronomique, mais que vous êtes capable de le sacrifier sur l'autel d'Esculape, tant est grand chez vous le désir de connaître votre puissance septicémique, lorsque vous êtes en puissance de gangrène, de fracture, d'érysipèle ou de fièvre typhoïde (3).

(1) Vulpian, *Société de Biologie*, 14 et 21 décembre 1872.

(2) Vulpian, *Société de Biologie*, 11 janvier 1873.

(3) Davaine, *Académie de médecine*, 28 janvier

Tirerez-vous de là quelque déduction thérapeutique? Vous trouvez, n'est-ce pas, ma question bien naïve?

Mais, je me trompe : on découvrit alors que les silicates de soude et de potasse jouissent de propriétés antiputrides incontestables : ils n'ont d'ailleurs qu'un petit inconvénient, c'est que, dans les maladies de nature infectieuse, il faudrait, pour purifier l'organisme entier, porter le médicament à une dose qui deviendrait promptement mortelle (1). Le malade aurait toujours la satisfaction de mourir guéri.

Grâces te soient rendues, à toi, courageux athlète, qui, dans un tel moment d'effervescence, osas affirmer que le virus de l'infection putride n'est point un ferment organisé appartenant à la famille

1873. — Behier, *Académie de médecine*, 4 février 1873.

(1) Champouillon, *Académie des sciences*, 10 février 1873.

des vibrioniens ; que les organismes inférieurs n'ont par eux-mêmes aucune action
toxique et qu'ils paraissent être le résultat
et non la cause des altérations putrides (1) !
Un vaillant chirurgien t'a pris sous son
égide (2) ; mais tes adversaires, bien que
la discorde se soit glissée dans leur
camp (3), ne se sentent point écrasés.
Tes bactéries et les leurs ne sont pas les
mêmes. Aucune comparaison ne peut
même en être faite. Et comment les distin-
guerais-tu ? T'en donner les moyens leur
serait impossible, mais ils ont au moins
la satisfaction de t'enfermer dans un
cercle d'où vous ne sortirez ni eux, ni
toi (4).

(1) Onimus, *Académie de médecine*, 11 mars 1873.

(2) Chassaignac, *Académie de médecine*, 8 avril
1873.

(3) Davaine, Vulpian, *Académie de médecine*, 19
avril 1873.

(4) Davaine, Pasteur, *Académie de médecine*,
avril 1873.

On leur prouve cependant (1) que la
virulence, loin d'être le produit des vibrioniens, des bactéries linéaires, apparaît
avant eux dans le sang et subsiste sans
eux dans toute sa plénitude ; qu'au moment où la virulence apparaît, le microscope ne montre pas de bâtonnets
dans le sang de la circulation générale
et n'en fait même souvent pas découvrir
avant la mort ; que le sang charbonneux
sur l'animal vivant devient contagieux
comme celui des animaux septicémiques
avant l'apparition des êtres microscopiques ; que les bactéries manquent dans
les produits volatils de la septicémie,
qui paraissent jouir aussi d'un certain
degré de virulence. — Pour toute ré-
ponse, ils mesurent le pouvoir antiseptique de l'ammoniaque, du silicate de
soude, du vinaigre ordinaire, de l'acide
phénique, de la potasse caustique, du
chlorure d'oxyde de sodium, de l'acide

_____

(1) Colin, *Académie de médecine*, 21 octobre 1873.

2*

chlorhydrique, du permanganate de potasse, de l'acide chromique, de l'acide sulfurique, de l'iode, sur le virus charbonneux (1), et rachètent, il faut en convenir, l'inanité de leurs théories par des données pratiques qui devaient plus tard recevoir leur application (2).

Si je parais faire une concession, ce n'est pas, au moins, que je sois convaincu. On a déjà nié l'action antiseptique de l'ammoniaque et de ses composés (3) ; on a accusé l'acide phénique réduit en poussière de former autour du chirurgien une atmosphère désagréable à respirer, d'engourdir les doigts, de favoriser les hémorrhagies primitives des plaies, tandis qu'il n'a aucune influence sur le développement de quelques vi-

(1) Davaine, *Académie des sciences*, 13 octobre 1873.

(2) Bouley, *Académie des sciences*, 27 juillet 1874 (Mémoire de M. Cézard, de Varennes-en-Argonne).

(3) Colin, *Académie de médecine*, 4 août 1874.

brioniens, d'ailleurs absolument incapables de nuire à la guérison (1), pourquoi les autres substances n'auraient-elles pas le même sort? Si leur composition chimique les a désignées au choix de nos détracteurs, ces derniers ne montrent pas toujours eux-mêmes pour la chimie un très-profond respect, puisqu'ils s'empressent de rejeter ses appréciations lorsqu'ils n'y trouvent pas leur compte (2), et préfèrent nous accuser sans cesse que d'admettre, par exemple, les transformations normales en carbonate d'ammoniaque, de l'urée en présence d'acides ou d'alcalis puissants (3).

Mais je n'en finirais pas sur ce sujet : quelque peu intéressant que soit mon

(1) Demarquay, *Académie des sciences*, 10 août 1874.

(2) Pasteur, *Académie de médecine*, 20 janvier 1874.

(3) Dumas, *Académie de médecine*, 20 janvier 1874.

petit individu, puisque j'écris son histoire, c'est bien le moins que je vous dise ce qui m'advint dans ces jours où nous fûmes poursuivis avec un acharnement sans précédent jusqu'alors.

Je m'étais, sans vergogne, réfugié quelque temps dans le misérable taudis d'une marchande de chiffons : là, sans luxe, mais aussi sans ennui, je vivais au milieu d'une foule de microbes qui semblaient s'y être donné rendez-vous des points les plus divers.

Un beau matin, je suis enfermé dans un ballot, chargé sur un camion et expédié je ne sais où.

La chiffonnière, qui tenait à sa marchandise, nous accompagnait. Tout à coup le cheval fait un écart, la roue du véhicule rencontre une grosse pierre et nous voilà tous précipités sur le sol. La pauvre femme se fait à la tête une plaie contuse, avec un lambeau considérable qui se rabattait sur l'oreille et s'étendait depuis la racine du nez jusqu'à la partie postérieure de l'oreille gauche (1). L'abandonner en cet état, nous n'y songeâmes pas : elle avait toujours été bonne pour nous. Nous la suivîmes donc à l'hôpital de la Pitié, sans réfléchir à l'accueil qui nous y attendait. A peine étions-nous entrés qu'on nous pourchassait, en effet, et dans les chairs palpitantes de la blessée et dans les murs de la salle, la literie, les rideaux, etc. (2).

J'étais tellement furieux de cette conduite que je voulus séjourner quand même. Je m'approchai donc sournoisement du moignon d'un amputé, croyant bien trouver là le moyen de satisfaire mon désir. Quelle déception ! une couche impénétrable de ouate recouvrait la surface saignante et opposait à mes efforts une résistance invincible (3). Cette fois il fallut donc céder encore ; mais ce ne fut qu'en

(1) Nepveu, *Société de Biologie*, 13 juin 1874.
(2) Nepveu, *loc. cit.*
(3) Guérin, *Académie des sciences*, 18 mai 1874.

jurant de prendre ma revanche et, de fait, l'occasion s'en présenta bientôt.

L'habitude, a-t-on dit, est une seconde nature. Aussi le danger souvent couru cesse-t-il d'être un danger et le braver n'est pas sans attraits. Voilà pourquoi, sous la lancette de l'inoculateur, je passais volontiers des rats aux cobayes, des lapins aux moutons.

A certaine époque, j'ignore pourquoi, la race canine fut appelée à payer son tribut : lévriers, bouledogues, épagneuls, carlins, tout nous fut sacrifié.

J'avais choisi, au milieu des autres, un charmant King-Charles et m'étais promis de ne quitter la place que le plus tard possible.

Un beau jour je vis s'approcher de mon amphitryon un affreux roquet : une main barbare les saisit tous les deux et réunit par un tube de caoutchouc armé de deux canules demi-mousses leur système artériel. Le sang de mon gentil King-Charles va pénétrer dans les organes de l'autre, et on s'imagine que je vais me laisser entraîner ! Jamais ! plutôt mourir mille fois !.... Je me cramponne et je triomphe.

Le roquet n'en succomba pas moins, soyez-en sûr ; mais j'aurai, du moins, déjoué le piége qui m'était tendu (1).

(1) Laborde, *Société de Biologie*, 17 janvier 1874.

CHAPITRE VIII.

1875 A 1878. — LE BON TEMPS. — L'AIR
OPTIQUEMENT PUR. — A BAS LE MI-
CROSCOPE !

La petite victoire que je venais de rem-
porter ne contribua pas peu à fortifier
mon courage, et j'eus le bonheur de
voir mon exemple trouver des imitateurs.
D'un commun accord, nous prîmes la
résolution d'opposer à toutes les tenta-
tives entreprises contre nous la résistance
la plus désespérée.

Sans coup férir, nous affrontâmes
l'acide phénique, l'alcool, la teinture d'eu-

calyptus, le baume du Pérou, celui du commandeur, la teinture de myrrhe, de benjoin, d'aloës, l'esprit de camphre, l'essence de térébenthine, le tannin et ses succédanés (1) ; les injections sous-cutanées d'iode, nous les foulâmes aux pieds (2), et le pansement ouaté lui-même cessa d'être pour notre ardeur une barrière infranchissable (3), partout, du moins, où il n'était pas appliqué par la main de son inventeur (4).

Dois-je ajouter que les blessés ne s'en portèrent pas plus mal.

Aussi vîmes-nous alors l'opinion publique nous devenir moins défavorable et la science chercher ailleurs la cause des résultats qu'elle enregistrait avec soin.

(1) Demarquay, *Académie des sciences*, janvier 1875.

(2) Colin, *Académie de médecine*, 12 janvier 1875.

(3) Gosselin, *Académie des sciences*, janvier 1875.

(4) Guérin, *Académie de médecine*, 7 septembre 1875 — 4 juillet 1876.

On reconnut que le pus fétide ne renfermait pas de micrococcos (1), que la putréfaction n'est pas une conséquence de la présence d'organismes inférieurs (2). On alla jusqu'à injecter des bactéries dans les plaies sous-cutanées (3). On parla de zymoïdes (4), de sepsine (5). On se souvint enfin qu'un expérimentateur n'avait pas craint de nous donner asile dans son propre estomac (6), que nous existons, à l'état normal et en nombre considérable, dans la salive et le mucus

(1) Bilroth cité par Nepveu, *Gazette médicale*, 1875, p. 117.

(2) Reindfleish, Kuhne, Hoppe-Seyles, Fremy, Bilroth, Exner, cités par Nepveu, *Gazette médicale*, 1875, p. 152.

(3) Hiller cité par Nepveu, *Gazette médicale*, 1875, p. 163.

(4) Bilroth cité par Nepveu, *Gazette médicale*, 1875, p. 163.

(5) Bergmann cité par Nepveu, *Gazette médicale*, 1875, p. 326.

(6) Richardson, *American Journal*, 1867.

dentaire (1), et, agents secondaires, notre rôle se borna à transporter le poison dont nous pourrions, à l'occasion, nous charger (2).

Ce fut notre bon temps. A peine fûmes-nous troublés par un petit nombre d'investigations toutes platoniques, à la suite desquelles on trouva quelques-uns de nous dans des abcès chauds, sans communication avec l'air extérieur, sans lésion du système lymphatique et du système circulatoire sanguin (3). Encore, bien qu'on invoquât la pénétration par les voies respiratoires ou digestives (4), cela fut-il difficilement admis (5), tant

(1) OErsted cité par Nepveu, *Gazette médicale*, 1875, p. 339.

(2) Bilroth cité par Nepveu, *Gazette médicale*, 1875, p. 339.

(3) Gosselin. Note de A. Bergeron, *Académie des sciences*, 15 février 1875.

(4) Gosselin, *Académie de médecine*, 23 février 1875.

(5) Pasteur, *Académie de médecine*, 23 février 1875.

étaient heurtées de front les doctrines anciennes.

Je ne parle que pour mémoire du cataplasme *nosocomial* (1) chargé de bactéries ; je passe également sous silence la négation qui fut faite de l'animalité des corpuscules mouvants qui se montrent dans le champ du microscope (2) ; mais il m'est impossible de ne pas rappeler le spirituel procès intenté par un médecin (3) aux nuages bactériels et à la pathologie animée. Partant de ce point que les germes infectieux pullulent partout et que *l'air expiré est seul optiquement pur* (4) : « Ce qui est curieux, dit-« il, et bien rassurant dans l'état actuel « de nos connaissances d'hygiène, c'est « que l'air revenu du poumon, l'air que

(1) Nepveu, *Société de Biologie*, 4 décembre 1875.
(2) Colin, *Académie de médecine*, 9 mars 1875.
(3) Dr Arnould, *Gazette médicale*, 1876, p. 327.
(4) Tyndall, *Revue scientifique*, 2e série, n° 50, 10 juin 1876.

« tous les humains et les grands ani-
« maux rejettent dans l'atmosphère à
« chaque expiration, est aussi pur d'or-
« ganismes que celui qui gagne les glo-
« bules sanguins, par conséquent dé-
« pourvus de tout principe infectieux ou
« contagieux. Qu'est-ce que disait donc
« J.-J. Rousseau « que l'haleine de
« l'homme est mortelle à l'homme » et
« que parle-t-on d'encombrement, de
« ventilation dans les demeures humaines
« et dans les asiles de la souffrance ? Il
« est bon, au contraire, que les hommes
« se rassemblent et se rapprochent,
« puisque chacun de nous purifie l'air
« pour son semblable ; peut-être serait-il
« mieux encore d'avoir dans nos appar-
« tements quelques grands ruminants,
« aux vastes poumons, filtres énormes,
« qui nous purifieraient des mètres cubes
« d'air à l'heure. Une pratique salutaire
« consisterait à mettre dans les casernes
« les soldats avec les chevaux. Il serait
« bien ridicule de s'ingénier à assurer

« l'expulsion de l'air du dedans par des
« masses d'air extérieur, puisque c'est
« celui-ci qui a les germes des maladies
« et que l'autre s'en est dépouillé. Nul
« danger à pénétrer dans l'atmosphère
« d'un varioléux : le poumon du visiteur
« arrête au passage les germes varioli-
« ques qui pourraient aller influencer son
« sang ; si cependant les peureux dési-
« rent une place particulièrement sûre ,
« c'est de se placer dans le courant d'air,
« *optiquement pur,* qui sort de la bouche
« du malade. »

Oui , ce fut le bon temps ; nous en-
tendîmes nier la présence des bactéridies
dans le sang virulent, dans la pustule
maligne (1), dans le charbon (2). On
publia hautement l'innocuité absolue des
schizomycètes pour l'homme en santé ;
s'ils végètent pendant la maladie, c'est

____

(1) Hayem, *Société de Biologie*, 20 janvier 1877.
(2) Goffroy, Trashot, *Société de Biologie*, 20 janvier 1877.

une conséquence et non pas une cause, et alors encore ils sont complétement inoffensifs (1).

Nous battîmes nos ennemis avec leurs propres armes ; les inoculations, tantôt, avec du sang chargé de bactéridies, ne donnèrent lieu à aucun phénomène particulier, tantôt avec du sang où le microscope ne montrait aucun organisme, entraînèrent la mort de l'animal ; si, après avoir inoculé la pointe de l'oreille d'un lapin, on coupe cette oreille au bout de cinq minutes, l'animal succombe à la septicémie, bien que son sang ne renferme point encore de bactéridies (2). Des injections de bactéridies dans le sang ne déterminent même aucun symptôme d'intoxication (3).

Un de nos adversaires parut ébranlé. « Comment, dit-il, dans un organisme

(1) Hiller, *Gazette médicale*, 1877, p. 195.
(2) Colin, *Académie de médecine*, 31 juillet 1877.
(3) Dr Livon, *Société de Biologie*, 28 juillet 1877.

« infecté par les voies naturelles et dans
« lequel l'infection générale s'accuse par
« la fièvre d'une extrême intensité qui
« en est symptomatique, toutes les bac-
« téridies qui y ont pullulé viennent-elles
« à un moment donné s'accumuler dans
« des régions extérieures, de telle sorte
« que si on les détruit aux points où elles
« se sont concentrées, l'organisme tout
« entier se trouve débarrassé et que la
« santé puisse se rétablir. Il y a là un
« fait qui se concilie difficilement avec
« l'activité de la reproduction que l'ex-
» périence démontre être un des attributs
des bactéridies (1). »

Un autre ne se prononça contre nous
qu'après des hésitations prolongées. Il
affirma d'abord que le virus charbonneux
résistant à l'action de l'oxygène à haute
tension et à celle de l'alcool concentré,
les bactéries ne peuvent être ni la cause

(1) Bouley, *Académie des sciences*, 9 mai 1877.

ni l'effet de la maladie charbonneuse (1), puis il professa que le virus est, peut-être, quand on considère le sang charbonneux intact condensé sur les bactéridies, que celles-ci pourraient sécréter celui-là (2), et déclara, en dernier ressort, que si les microbes adultes succombent à l'oxygène comprimé et à l'alcool, les corpuscules germes résistent à ces agents et peuvent, dans certaines conditions, donner naissance à de longs vibrions (3).

Cette conclusion avait été déjà tirée de quelques expériences où des cocco-bactéries avaient supporté la pression de 50 à 60 atmosphères (4), mais sans doute peu de temps, puisque la destruction des germes par un long contact avec l'oxygène comprimé à haute tension était bientôt affirmée de nouveau (5).

(1) P. Bert, *Société de Biologie*, 13 janvier 1877.
(2) P. Bert, *Académie des sciences*, 21 mai 1877.
(3) P. Bert, *Académie des sciences*, 30 juillet 1877.
(4) Feltz, *Académie des sciences*, 16 juillet 1877.
(5) Feltz, *Académie des sciences*, 15 juillet 1878.

D'autre part, si, ce dont je doute, il est favorable à la doctrine des germes animés de dire qu'ils sont partout, même dans l'eau distillée, dans celle qui a traversé les filtres les plus fins (1), il faut avouer qu'affirmer l'impuissance de l'observation microscopique, ses résultats illusoires, pour démontrer l'existence de ces mêmes germes, est une proposition que justifient peut-être des convictions profondes, mais qui n'en réduit pas moins à néant beaucoup d'affirmations antérieures (2).

Ce fut alors cependant qu'on se crut en droit de formuler sur notre mode d'action dans la maladie charbonneuse, les accusations précises, mais diverses, dont j'ai parlé et sur lesquelles il est inutile de revenir.

(1) Pasteur et Joubert, *Académie des sciences*, 29 janvier 1877.

(2) Pasteur, *Académie de médecine*, 21 août 1877. — *Académie de médecine*, 26 février 1878.

CHAPITRE IX.

1878. — LE BOUILLON LIEBIG. — LE GIGOT
DE MOUTON. — LA GUERRE DES MICROBES.
— LES POULES REFROIDIES.

Je ne pense pas qu'en lisant le chapitre
précédent on puisse me refuser une certaine dose de philosophie. Il est facile de
voir, en effet, qu'en somme nous avons
toujours payé de notre personne, quelles
qu'aient été les conclusions tirées des
expériences faites à nos dépens. Telle
devint même l'ardeur dans les camps
opposés que, seuls victimes de la lutte,
nous en fûmes bientôt à nous demander

qui nous devions craindre de nos amis ou de nos adversaires.

J'en excepte cependant ceux qui, se bornant à des affirmations théoriques, attribuèrent la septicémie des blessés à l'influence morale, à l'ébranlement général du système nerveux (1), ceux aussi qui, dans un but hostile peut-être, mais éloigné, surent flatter notre gourmandise et mirent tous leurs soins à rechercher les substances dont nous pouvions être le plus friands.

C'est ainsi que, pour ma part, j'ai vécu quelque temps dans une solution au 10° de bouillon Liebig légèrement alcoolisé (2), dont je conserve un excellent souvenir. J'eus bien alors la velléité de savoir pourquoi parfois on nous étudiait au microscope puisqu'il était d'ores et déjà bien entendu que c'était là une pratique

(1) Lefort, *Académie de médecine*, 19 mars 1878.
(2) Pasteur, Joubert et Chamberland, *Gazette médicale* 1878, p. 240.

tout à fait inutile, mais je compris vite l'indiscrétion d'une pareille demande.

Certain gigot de mouton m'est aussi resté dans la mémoire (1), c'est une faiblesse dont je m'accuse en toute humilité, d'autant plus que, cette fois, je m'en donnai à cœur joie, n'étant en rien entravé par la résistance vitale, la *natura medicatrix* qui s'oppose si souvent à nos envahissements (2), quand nous sommes envahissants ; car il est bien démontré maintenant que nous présentons des formes et des qualités bien différentes : de nous les uns vivent d'oxygène, les autres ne se développent que là où ce gaz fait défaut ; les uns sont inoffensifs, parce qu'ils réclament certaines conditions de température qu'ils ne rencontrent pas chez l'animal vivant, les autres,

(1) Pasteur , Joubert et Chamberland , *Gazette médicale*, 1878, p. 252.

(2) Pasteur , Joubert et Chamberland , *Gazette médicale*, 1878 , p. 263.

au contraire, y trouvent tous les éléments de leur propagation. Et ces nécessités diverses sont, dans notre petit monde, l'origine de combats gigantesques, de batailles sans merci, où le plus faible est voué d'avance à une mort assurée.

Supposez, en effet, que deux troupes de microbes se rencontrent sur un terrain neutre, un organisme quelconque, de deux choses l'une : ou cet organisme pourra fournir aux uns et aux autres des aliments nutritifs liquides ou solides en quantité voulue, ou bien il sera insuffisant. Dans le premier cas, l'alliance sera vite contractée contre l'ennemi commun ; dans le second, l'entente est impossible, et c'est à la force seulement qu'il appartient de décider (1). Ce qui se passe alors, aucune parole humaine ne pourrait le rendre ; ce qui se dépense de part et d'autre d'astuce, de bravoure, de tena-

_____

(1) Pasteur, Joubert et Chamberland, *Gazette médicale*, 1878, p. 264.

cité, une imagination très-fertile peut à peine s'en faire une idée.

C'est, d'ailleurs, et sur cela la science est tellement affirmative que le doute serait une injure, un fait qui doit souvent se présenter et qui ne laissera certes pas que d'apporter dans la question d'éclatantes lumières. Ces compétitions fréquentes ne seront bien connues que lorsque de nouveaux progrès auront été accomplis dans cette voie nouvelle de la découverte de microbes différents d'espèces et assez civilisés déjà pour s'entre-tuer. Peut-être ont-ils atteint, je n'oserais dire dépassé, dans les moyens qu'ils emploient pour vider leurs querelles intestines, le génie de leurs persécuteurs. Quoi qu'il en soit, le but est le même et j'en conclus encore que l'homme ne nous laisse rien à lui envier.

On dirait aussi que ces microbes, dans leurs moments perdus et probablement pour s'exercer, se contentent de lutter entre eux de vitesse : les mélange-t-on pour les inoculer à un animal, les bactéridies sont encore localisées au point d'inoculation que déjà la mort de l'animal inoculé est le résultat de la multiplication beaucoup plus active des vibrions (1).

Mais me voilà bien loin de mon gigot. Au fait, je n'y restai pas longtemps et le hasard me réservait de nouvelles occasions.

Chacun son goût : c'est un proverbe vieux, mais toujours vrai. Or, nous n'éprouvions aucun goût pour les poules qui nous le rendaient bien. Nous jouait-on le mauvais tour de nous enchaîner les uns aux autres, c'était à qui de nous briserait le plus vite ses liens, de telle sorte que poules et microbes retrouvaient bientôt leur indépendance. Il paraît que cette sorte de rébellion ne pouvait être tolérée qu'à la condition d'être dûment

(1) Toussaint, *Académie des sciences*, 8 juillet 1878.

expliquée. Les savants, après quelques tergiversations, firent retomber sur les poules la faute tout entière et résolurent d'arriver, de gré ou de force, à triompher de l'antipathie qu'elles affichaient pour nous.

Voici comment on s'y prit pour cela : après nous avoir (car j'en étais) fait pénétrer dans le tissu cellulaire d'une poule, au lieu de lui laisser sa liberté d'action, on l'attacha sur une planchette, et ainsi garrottée, on lui plongea dans l'eau froide le tiers inférieur du corps (1). Ce que fut ce supplice pour la pauvre bête, il est inutile de le dire ; mais ce qu'on peut dire, c'est ce que sa volonté fut vaincue et qu'elle s'abandonna complétement ; c'est que nous, effrayés du spectacle que nous avions sous les yeux et qui ne nous promettait rien de bon pour l'avenir en cas de résistance, nous nous empressâmes de faire taire nos scrupules.

(1) Pasteur, *Académie de médecine*, 19 mars 1878.

La poule allait succomber épuisée quand, je ne sais pourquoi, on la retira du liquide dans lequel elle baignait pour la transporter dans une étuve où, libre enfin, elle reprit sa chaleur et son énergie. Oh ! alors, notre audace reçut une leçon méritée : l'animal furieux s'agita si bel et si bien que nous fûmes heureux de trouver dans une fuite rapide le salut dont nous avions besoin (1).

La chose fut vite ébruitée, et lorsque, plus tard, pareille aubaine sembla s'offrir à nous, quelques avances qu'on nous fît, quelque patience qu'on y mît, nous nous refusâmes absolument à toute complicité et laissâmes les poules se refroidir autant qu'on le voulut (2).

Si on ajoute à cet échec de laboratoire la virulence prouvée des ganglions lymphatiques chez les animaux charbonneux, alors que le microscope ne découvre au-

(1) Pasteur, *Académie de médecine*, 9 juillet 1878.
(2) Colin, *Académie de médecine*, 9 juillet 1878.

cune bactéridie dans leur tissu (1), on comprend sans peine que notre innocence ait été proclamée de nouveau (2) par des gens qui avaient vu l'iode, l'acide phénique, l'acide sulfurique, l'hyposulfite de soude, le borate de soude, le sulfate de fer, le sulfate de quinine, tous agents réputés énergiques, complétement impuissants à rien faire ni pour guérir, ni pour atténuer, ni pour retarder les effets du virus charbonneux sur des lapins inoculés (3).

Ce fut vers cette époque qu'on commença à établir certaines relations entre nous et les saisons, le sec et l'humide, le chaud et le froid. Nous sommes les hôtes du printemps, ce qui est flatteur ; mais notre nombre augmente avec la pluie, ce qui l'est moins (4).

(1) Colin, *Académie des sciences*, 18 février 1878.

(2) Colin, *Académie de médecine*, 10 décembre 1878.

(3) Colin, *Académie des sciences*, 29 octobre 1878.

(4) Pasteur, *Académie des sciences*, 24 juin 1878.

Alors, il est vrai, on nous chiffrait par centaines de mille, tandis qu'aujourd'hui on parle de dix milliards de schyzomycètes dans un millimètre cube d'air ou d'eau (1). Ceux-là aussi varient sans doute avec le temps et les formules astronomiques ne tarderont pas à entrer dans le domaine de la médecine transcendante.

(1) *Revue de médecine*, 1881, n° 1, p. 50 (Bouchard).

CHAPITRE X.

1878-1879. — LES TUBES AGITÉS. — LES
HABITS NEUFS. — LE RESPIRATEUR A
OUATE.

Avec les années, j'étais devenu gour-
mand et je recherchais avidement toutes
les occasions de bien vivre. Habitué aux
mets recherchés, mon estomac réclamait
impérieusement les solutions de tartrate
de potasse, de phosphate acide, de sulfate
de magnésie, de chlorure de calcium que
nous préparaient les savants. A la première nouvelle, j'accourais sans retard;
mais bien ne m'en prit pas toujours.

Au Muséum d'histoire naturelle, à Paris, il s'en fallut de peu que je ne fusse victime de mon péché mignon.

Depuis quelque temps j'y menais une douce existence, lorsque je fus introduit dans un tube à demi rempli d'un liquide dont la saveur d'abord me fit tressaillir d'allégresse. Je caressais les plus riants projets et, bien repu, me laissais aller à des rêves enchanteurs, quand je me senti lancé d'un bout à l'autre de mon tube par un mouvement saccadé qui me désobligeait fort.

J'en pris au premier instant peu de souci, ayant été soumis à pareille épreuve en 1875 ; mais les secousses étaient cette fois plus brusques, plus répétées, de nature enfin à intercepter d'une façon absolue tout rapport entre nous, à nous isoler les uns des autres et augmenter par là même notablement le malaise auquel nous condamnait déjà ce va-et-vient incessant.

Les chocs répétés contre les parois du

tube, la peur, la douleur aussi firent périr beaucoup d'entre nous, d'autres résistèrent ; mais on s'aperçut que dans le fracas continuel du milieu où nous étions notre nombre n'avait pas augmenté (1). Eh bien ! je le demande humblement à l'expérimentateur, y avait-il là quelque chose de surprenant et quelle puissance génératrice pourrait triompher de pareils obstacles ?

Je sortais tout moulu de ma terrible prison, quand je rencontrai un de mes anciens amis que j'avais depuis long-temps perdu de vue. J'appris de lui qu'il avait déserté les rives de la Seine pour les bords glacés de la Moskowa, et cela sans profit pour son repos ; car là aussi nous avions à lutter, d'autant plus qu'à nos ennemis ordinaires se joignaient des auxiliaires nombreux que l'amour du lucre poussait en avant.

(1) Alexis Horwath, de Kieff, *Société de Biologie*, 20 janvier 1878.

Voici ce qui lui était arrivé à Moscou. Entré par hasard dans un appartement où se trouvaient réunies un certain nombre de personnes autour d'un malade, il fut frappé surtout par la tenue correcte de ces personnes, tout habillées de neuf comme en un jour de fête.

Qu'était-ce donc ? S'agissait-il de néophytes, de catéchumènes, de la fondation d'un ordre nouveau ?

Hélas ! le doute ne lui fut pas longtemps permis ; une odeur désagréable, en venant frapper son odorat, lui révéla bientôt le danger de sa situation. Il était dans un amphithéâtre de clinique, et l'opérateur (1), jugeant insuffisants l'acide phénique et tous les moyens en usage, poussait le luxe jusqu'à exiger des assistants une toilette vierge de toute souillure. Qui s'en gaudissait ? Les tailleurs, bien entendu, qui depuis lors

(1) Daubranberoff, de Moscou, *Société de Biologie*, 11 décembre 1878.

se crurent pour nous des foudres de guerre. Croître dans sa propre estime et arrondir sa bourse n'est pas l'œuvre de tout le monde.

Pris de panique et de découragement, mon malheureux ami avait regagné son pays natal et venait, dans sa misère, nous demander des consolations.

Nous n'étions guère propres à lui en fournir ; cependant, comme il faut s'entr'aider dans ce bas-monde, nous cherchâmes tout ce qui pouvait adoucir sa peine et lui rendre quelques illusions.

Les circonstances nous favorisèrent beaucoup : ce fut alors, en effet, qu'on nia de nouveau notre rôle actif dans la septicémie, qu'on dit à la tribune que la thérapeutique ne doit pas se réduire en une chasse au vibrion (1) ; que vibrions, bactéries, bâtonnets, corps mouvants sont impuissants à expliquer la septicémie

____

(1) Colin, *Académie de médecine*, 7 janvier 1879.

puerpérale (1) ; que nul ne sait ce qui en est des bactéries dans l'infection et que leur présence ne prouve pas grand'chose (2) ; qu'on doit se demander comment la suppression d'un service de chirurgie voisin d'une clinique obstétricale suffit à faire disparaître les microbes générateurs de la fièvre puerpérale (3) ; que ce qu'on fait dans une cornue n'a aucun rapport avec ce qui se passe à l'hôpital (4) ; que, les germes étant partout, il est difficile d'expliquer l'énorme différence qui existe entre les résultats des opérations dans les grandes villes et à la campage (5) ; que la théorie de la pathogénie animée repose sur une interprétation erronée de faits très-complexes (6).

(1) Hervieux, *Académie de médecine*, 11 mars 1879.
(2) Verneuil, *Société de Chirurgie*, 19 février 1879.
(3) Depaul, *Académie de médecine*, 25 mars 1879.
(4) Desprès, *Société de Chirurgie*, 26 février 1879.
(5) Lefort, *Société de Chirurgie*, 19 mars 1879.
(6) Depaul, Bouley, *Académie de médecine*, 6 mai 1879.

Une note sur l'établissement d'équarrissage de Chartres l'intéressa fort. L'auteur y faisait ressortir la santé merveilleuse des animaux vivant dans ce foyer saturé d'éléments charbonneux par le sol, les aliments, l'eau et l'air, dans le plus vaste réceptacle à bactéridies qu'on ait en France (1).

Le sourire revint sur ses lèvres quand nous lui eûmes montré un professeur et ses élèves munis chacun d'un respirateur à ouate (2) pour visiter les malheureux atteints de maladies infectieuses et contagieuses, et un académicien ne maniant la peste, mise en bouteilles, que la figure couverte d'un masque fait de toile métallique doublée de coton (3).

C'était tout ce que nous pouvions pour lui ; car, au fond, nous savions fort bien que la persécution ne se lassait pas, qu'elle

____

(1) Colin, *Gazette médicale*, 1879, p. 541.
(2) Henrot, *Académie de médecine*, 11 mars 1879.
(3) Pasteur, *Académie de médecine*, 4 mars 1879.

3*

puisait dans la lutte des forces toujours renaissantes.

On avait beau dire que le pansement de Lister ne peut rien contre les germes ; que ceux-ci, dans un certain état de leurs transformations, dit état corpusculaire, échappent à la plupart des causes de destruction connues, à la chaleur jusqu'à 140°, à l'acide phénique, à l'alcool (1) ; qu'on avait vu une pustule maligne produite par une ligature au catgut phéniqué (2) ; cela n'empêchait pas les uns (3) de martyriser les bactéries dans leurs laboratoires avec des solutions d'acide phénique, de l'alcool pur ou camphré, les autres (4) de poursuivre la série de leurs découvertes et de faire connaître à

(1) Maurice Perrin, *Société de Chirurgie*, 12 février 1879.

(2) Desprès, *Société de Chirurgie*, 26 mars 1879.

(3) Gosselin et Bergeron, *Académie des sciences*, 29 septembre 1879.

(4) Chamberland, *Académie des sciences*, 24 mars 1879.

lours contemporains l'existence d'une foule de *Bacillus* ignorés jusqu'alors.

Le champ des hypothèses aussi était toujours hardiment cultivé. A la résistance opposée à la multiplication des germes par une force vitale problématique, se substitue l'élimination par les organes excréteurs de ces germes comme des substances toxiques (1), la cause de cette élimination salutaire étant d'ailleurs parfaitement inconnue. — A la septicémie de cause externe vient s'ajouter la septicémie de cause interne due à la présence d'éléments septiques, non venus du dehors mais ayant pris naissance au sein de l'organisme lui-même (2) et bientôt, les médecins se mettant de la partie, les saillies gélatiniformes du bord libre des

(1) Davaine, *Académie de médecine*, 18 février 1879.

(2) Maurice Perrin, *Académie de médecine*, 21 janvier 1879.

valvules du cœur dans l'endocardite ulcéreuse ne sont plus que de véritables
colonies de micrococcus (3).

(3) G. Sée, *De l'endocardite ulcéreuse. Gazette
médicale*, 1879, p. 396.

CHAPITRE XI.

1880. — LES NOUVEAUX MICROBES. — LES
MOUTONS ALGÉRIENS. — LE CHOLÉRA
DES POULES. — LES STATIONS DE DÉSIN-
FECTION. — COMMENT ON MEURT PAR
LA MÉTHODE ANTISEPTIQUE.

J'arrive au bout de ma tâche, Dieu
merci ! mais l'ennemi redouble d'efforts.
Me laissera-t-il le temps de raconter les
horreurs qui devaient abreuver la fin de
ma carrière.

Je ne veux pas parler en détail de ces
soi disant trouvailles qui ne sont que la
continuation des investigations anté-

rieures, que la suite de travaux poursuivis dans un même but et dont la répétition deviendrait fastidieuse. Aussi je passe sous silence le nouveau microbe qui pullule dans les tissus musculaire et conjonctif des tumeurs charbonneuses du bœuf, alors qu'il est absent dans le sang (1), le micro-organisme en forme de bâtonnet que recèlent la muqueuse intestinale, les cartilages du larynx, la pie-mère, les foyers de pneumonie lobaire, les ganglions mésentériques, le parenchyme de la rate chez les dothiénentériques (2), le micrococcus enfin du furoncle charrié par le pus et s'insinuant dans les follicules pilo-sébacés du voisinage (3).

Si la gaîté ne m'avait pas fui pour toujours, j'établirais un parallèle amusant

(1) Arloing, Cornevin et Thomas, *Académie des sciences*, 31 mai 1880.

(2) Klebs cité par Ricklin, *Gazette médicale*, 1880, p. 530.

(3) Locwenberg, *Académie des sciences*, 27 septembre 1880.

entre les poules refroidies et les moutons qu'une heureuse étoile a fait naître sur le sol brûlant de l'Algérie. On y verrait que ceux-ci ne le cèdent pas à celles-là et que la résistance qu'ils montrent aux inoculations (1) d'une foule de microbes auxquels ils savent opposer « des sub-« stances nuisibles dont l'influence inhi-« bitoire arrête leur développement, à « moins cependant : 1° que la matière de « l'inoculation ait des qualités particuliè-« rement actives ; 2° que l'inoculation « soit pratiquée par un procédé qui mette « tout d'un coup l'économie en contact « avec un grand nombre d'agents infec-« tants (2) »; que cette résistance, dis-je, est une propriété congénitale et naturelle (3).

(1) Chauveau, *Académie des sciences*, 14 juin 1880.

(2) Chauveau, *Académie des sciences*, 28 juin 1880.

(3) Chauveau, *Académie des sciences*, 5 juillet 1880.

Mais les poules, ne voilà-t-il pas qu'elles font encore parler d'elles et qu'elles ont le choléra. Hélas oui, le choléra des poules, non-seulement existe, mais encore le microbe qui en est le générateur est un petit animal bien connu, fort délicat qui, dédaigneux de la levûre de bière, où végète la vulgaire bactéridie, ne se nourrit que de bouillon de muscles de poulet, neutralisé par la potasse. Aristocrate jusqu'au bout des ongles, il croirait manquer à sa dignité s'il frayait jamais avec le cochon d'Inde, mais il pullule avec un merveilleux entrain dans le tube intestinal des gallinacés, se sentant là dans son véritable milieu. Et la tribu dévorante envahit peu à peu les fibres musculaires qu'elle imprègne, altère et désagrège pour se repaître d'une partie de leur substance. Si la poule résiste à un premier assaut, elle peut être tranquille : la voilà désormais à l'abri de pareille aventure : les premiers occupants ne laissent que des ruines contre lesquelles s'useraient tous les microbes du monde (1) et en tête les bactéries du charbon (2).

Cela s'appelle une vaccination et les germes qui, d'habitude, portent avec eux la mort deviennent entre les mains d'expérimentateurs habiles des germes de préservation. Aussi est-il à la mode de vacciner les poules, les chiens, les moutons, etc. (3), qu'on rend ainsi, dit-on, absolument réfractaires.

Ai-je eu raison de parler du choléra des poules? J'entends dire autour de moi que cette maladie nouvelle n'est rien autre que la septicémie aiguë contractée par ces oiseaux dans les endroits où se trouvent à leur portée des matières en putréfaction (4); d'autre part, j'entends accuser

(1) Pasteur, *Académie de médecine*, 10 février 1880.

(2) Pasteur, *Académie des sciences*, 9 août 1880.

(3) Toussaint, *Académie des sciences*, 12 juillet 1880.

(4) Toussaint, *Académie des sciences*, 26 juillet 1880.

les poules du Sénégal de transmettre aux nègres qui se permettent de festoyer à leurs dépens, leur choléra sous forme de maladie du sommeil (1).

En vérité, ce fatras m'inquiète peu et depuis que je sais que les vers de terre sont les messagers des germes, et des profondeurs de l'enfouissement ramènent à la surface du sol les terribles parasites (2), mon amour-propre de microbe peut tout supporter.

Mais ma vanité n'est plus seule en jeu : c'est ma vie maintenant qu'il me faut défendre contre des embûches de toutes sortes.

Où trouver un abri ?

Dans quelque appartement que j'entre, j'y rencontrerai bientôt, par ordonnance de police, des terrines empoisonnées ; linges, literies, etc., seront exposés aux vapeurs méphitiques du chlore ; tentures

(1) Talmy, **Académie des sciences**, 19 avril 1880.
(2) Pasteur, **Académie des sciences**, 12 juillet 1880.

et papiers et jusqu'aux balayures, tout sera livré aux flammes.

Où aller et comment voyager ?

Les voitures de places nous sont encore ouvertes, il est vrai, bien que le Conseil d'hygiène et de salubrité de la Seine ait donné ordre aux cochers chargés du transport des malades, de battre et de brosser les coussins et les parois de la voiture avant de prendre d'autres voyageurs (1).

Mais s'il s'agit d'un long parcours nous n'avons plus ni wagons, ni paquebots qui nous offraient autrefois un gîte hospitalier. Maintenant des torrents de chlorure de chaux, d'acide phénique entraînent dans un irrésistible courant les microbes que n'ont pas asphyxiés les vapeurs embrasées du soufre en fusion (2).

Je sais de mes amis qui avaient

(1) *Gazette médicale*, 1880, p. 169.
(2) *Gazette médicale*, 1880, p. 160.

heureusement affronté ces dangers et qui se riaient déjà des terreurs dont ils n'avaient pu se défendre, — combien peu dura leur joyeux transport ! — pendant trois mortelles heures, sur les parois du navire qui les portait, la vapeur d'une chaudière fut projetée avec toute la force que permettait sa tension, au point de fendre les cloisons et de soulever la peinture en ampoules (1).

Ceci vous paraît peut-être le comble de l'atrocité. Eh bien ! non ; il y a mieux encore ; car c'est en somme un fait à peu près isolé, tandis qu'il s'agit d'établir d'une façon générale des stations de désinfection où l'on cuira à petit feu.

Si nous nous y prêtons le succès ne peut être douteux. On a enfermé dans des couches d'ouate des millions de vibrions et de bactéries et on les a soumis pendant une heure dans une étuve à une température de 125°. Au bout de ce

_____

(1) *Gazette médicale*, 1880, p. 201.

temps, vibrions et bactéries, tout avait disparu. Or on va traiter de même façon tout le matériel contaminé chez les particuliers et dans les établissements publics, matériel qui sera transporté dans des fourgons spéciaux jusqu'à la station de désinfection (1). Pourvu que dans le trajet quelques microbes ne se montrent pas assez indiscrets pour fausser compagnie à leurs automédons.....

Ce serait une voie de salut, mais il en est une autre qui me sourit davantage, quoique je ne sois pas né méchant; ce serait de voir se tourner contre nos persécuteurs leurs armes déloyales.

Et j'ai quelque raison de caresser cette idée; des varioleux qu'on voulait préserver ont été plongés dans une véritable atmosphère d'acide phénique : après trois jours, de l'aveu même du médecin, les urines présentaient la teinte vert foncé caractéristique de l'élimination de l'acide

(1) *Gazette médicale*, 1880, p. 202.

phénique par les reins. En même temps éclataient les accidents graves de l'intoxication phéniquée, et les malades moururent bientôt par la méthode antiseptique (1).

Qu'on persévère dans cette voie et je pourrai peut-être continuer mes mémoires.

(1) *Gazette médicale*, 1880, p. 410.

ÉPILOGUE.

1881. — JE M'AVOUE VAINCU. — JE FAIS
AMENDE HONORABLE. — LES VIRUS-
VACCINS.

Ce qui caractérise l'homme, ce qui fait
sa force, confirme sa suprématie et lui
octroie sans conteste le premier rang dans
l'échelle des êtres, c'est la sûreté de son
jugement, la profondeur de son intelli-
gence, la rapidité de ses décisions prises,
mais c'est surtout l'invariabilité de ses
principes, la fermeté inébranlable avec
laquelle il garde ses convictions.

A t-il sur un point de conduite formulé

sa manière de voir, a-t-il professé son opinion en quelque matière que ce soit, rien ne saurait le distraire, le faire dévier de la route qu'il s'est tracée. Aux menaces il opposera un front d'airain, aux caresses un cœur de marbre. Richesses, honneurs, dignités, que voulez-vous qu'il en fasse? Le besoin de sa propre estime est inné en lui et suffit à expliquer cette vertu si fière dont chaque jour apporte les plus nobles exemples.

Aussi n'est-ce pas sans rougir et sans demander grâce pour notre faiblesse que je me soumets au pénible devoir de raconter encore quelques épisodes de ma carrière.

En écrivant le dernier chapitre de mes mémoires, j'étais en colère; il serait inutile de le nier, et l'encre où je trempais ma plume était mélangée d'un peu de bile.

Je suis aujourd'hui de sang-froid et bien décidé à ménager mes termes.

C'est aussi qu'il s'est passé depuis lors des choses étranges, que là où régnait la confusion l'ordre s'est établi, où la guerre était déclarée la paix semble s'être faite sur des bases solides.

Nous avons bien eu, cependant, quelques misères nouvelles à supporter. On nous a attribué les lésions de la méningite cérébro-spinale et de la néphrite infectieuse qui l'accompagne (1), le développement de la variole ou picote des pigeons (2), l'éruption bulleuse du pemphigus aigu chez l'homme (3), les accidents de l'impaludisme (4), dont nous venions d'être exonérés (5), les terribles effets, enfin, de la rage elle-même (6).

Ah! il me faut une forte dose de philosophie pour accepter sans récriminations

(1) Gaucher, *Gaz. médicale*, 1881, p. 125.

(2) Jolyet, *Acad. des sciences*, 27 juin 1881.

(3) Gibier (de Savigny), *Société de Biologie*, 22 octobre 1881.

(4) Laveran, *Acad. des sciences*, 27 octobre 1881.

(5) Burdel (de Vierzon), *Acad. de médecine*, 26 avril 1881.

(6) Pasteur, *Acad. de médecine*, 18 janvier 1881.

les plaisanteries inqualifiables que nous a values cette ingénieuse découverte. Ce n'était pas assez de nous accuser, il fallait encore ceindre notre front *d'une sorte d'auréole* dont l'ironie faisait tous les frais : nous en étions si peu jaloux, d'ailleurs, qu'elle s'effaçait devant notre gourmandise et disparaissait dans quelques gouttes de bouillon de veau (1).

Et pourtant j'aurais ici beau jeu : je pourrais dire qu'après avoir affirmé la spécificité du microbe de la rage (2), après l'avoir différencié de la manière la plus absolue des microbes déjà décrits (3), on est arrivé à déclarer, avec une franchise qui fait le plus grand honneur à son auteur, que le même microbe se retrouve dans la salive normale des enfants (4)

(1) Pasteur, *loc. cit.*

(2) Pasteur, *Académie de médecine*, 25 janvier 1881.

(3) Doleris, *Société de Biologie*, 29 janvier 1881.

(4) Pasteur, *Acad. de médecine*, 21 mars 1831.

et dans celle des adultes en pleine santé (1).

Mais je me suis juré d'écarter toute question irritante; je ne veux plus être un brandon de discorde ni donner naissance à des débats où le style académique s'écarte quelquefois des limites qu'il ne doit jamais franchir. J'aime mieux faire table rase du passé et consentir une amende honorable, amenée d'ailleurs, ainsi que je vais le raconter, par des concessions mutuelles.

C'est une grave question que cette trêve librement affirmée entre gens si opposés d'intérêts, entre ennemis depuis si longtemps irréconciliables. Il ne sera donc pas oiseux d'entrer dans certains détails qui établissent d'une façon claire et précise les droits et les devoirs de chacun des ex-belligérants.

Je me suis accusé déjà d'un mignon péché dont je ne saurais me défendre :

(1) Vulpian, *Acad. de médecine*, 29 mars 1881.

j'aime les bonnes choses, et ma volonté faiblit, je le confesse, devant certaines flatteries insidieusement adressées à mes papilles gustatives.

De là devait sortir en germe le traité qui fera, j'espère, le bonheur de nos descendants.

Ce fut, en effet, après avoir savouré le bouillon de poulet, le bouillon de lapin dans lesquels on nous avait plongés, que nous prîmes la résolution de nous réhabiliter aux yeux du monde savant.

Inoculés à des moutons, nous ne provoquons plus déjà que quelques pustules sans gravité (1). — Après huit jours passés dans du bouillon de muscles de poule, nous devenons inoffensifs pour les cobayes, les lapins, les moutons (2). — Seuls les cobayes nouveau-nés ne trouvent pas grâce devant nous : si on nous les livre, la fièvre du mal se réveille en

(1) Toussaint, *Acad. des sciences*, 14 février 1881.
(2) Pasteur, 28 février 1881.

nous et nous fait oublier les résolutions prises et redevenir les hôtes formidables que chacun sait. — Pour effacer toute trace de malignité il faut quarante-trois jours de soins délicats, seuls capables d'annihiler nos instincts pervers et nos penchants vicieux (1).

Mais pendant que nous menons cette moelleuse existence, nous devenons progressivement meilleurs à tel point qu'inoculés alors, non-seulement nous restons inoffensifs, mais nous mettons à l'abri d'attaques ultérieures l'organisme qui nous reçoit : pour très-peu de mal nous faisons beaucoup de bien : nous ne sommes plus des agents de mort, mais de préservation : nous devenons des *virus-vaccins*.

Et ce n'est pas là une simple vue de l'esprit, mais un fait que de nombreuses expériences ont démontré (2) et que des

(1) Pasteur, *Acad. des sciences*, 21 mars 1881.
(2) Exp. faites à Pouilly-le-Fort, près Melun. —

savants ont catégoriquement expliqué :
« Il semble que les germes infectieux,
« arrivés au contact des éléments ana-
« tomiques de l'organisme, entrent en
« conflit avec eux en s'attaquant d'abord
« aux éléments les moins aptes à résister.
« Lorsque cette lutte ne tourne pas en
« faveur des parasites, lorsqu'elle n'a-
« boutit pas à la destruction de l'orga-
« nisme envahi, elle a pour effet de
« surexciter l'énergie physiologique des
« cellules, qui est aussi la mesure de
« leur capacité de résistance aux agents
« infectieux du dehors. Cette modifica-
« tion qualitative se transmet, par une
« sorte d'hérédité, d'une génération de
« cellules à l'autre, et elle est d'autant
« plus accusée que le conflit qui l'a fait
« naître, véritable lutte pour la vie, a été

Pasteur, *Acad. de méd.*, 14 juin 1881. — Exp. faites
à Barjouville, près Chartres.—Boulet, *Acad. de méd.*,
26 juillet 1881.

« plus violent. C'est elle qui constitue le
« privilége de l'immunité (1). »

Si le fait est réel, ce qui est indéniable,
l'explication peut ne pas être du goût de
tout le monde; celle que je proposerai
sera beaucoup plus simple et aura, du
moins, le mérite de la clarté.

On nous flatte, on nous soigne, on
nous dorlote : pourquoi serions-nous in-
grats? Pourquoi ne répondrions-nous pas
à de tels procédés et par notre innocuité
immédiate, et en laissant sur notre
parcours des indices suffisants à barrer
la route à de nouvelles incursions?

Si cela paraît discutable; si on hésite à
faire la part de notre bon vouloir dans les
conditions actuelles, à voir dans ce qui
se passe le résultat d'un parti pris par
nous, je me fais fort de donner de ce
que j'avance les preuves les plus irré-
cusables.

Comment rendre compte, en effet, sans

(1) Théorie de Gravitz, *Gaz. méd.*, 1881, p. 326.

cela , de tant d'expériences contradic-
toires ?

On avait dès longtemps dilué les virus ;
les inoculations avaient paru presque
d'autant plus redoutables que la dilution
était plus étendue : aujourd'hui , par l'emploi d'une petite quantité de virus , on
atténue d'autant les effets obtenus (1). — On
introduit les microbes dans les veines (2) :
ils s'y développent librement, mais l'endothelium vasculaire leur oppose une barrière inconnue jusque-là, qui les empêche
de pénétrer dans le tissu conjonctif, où ils
trouveraient les conditions de leur évo-
lution complète. — On les fait arriver dans
les voies respiratoires : plus hardis cette
fois, ils ne se laissent pas arrêter par
l'endothelium pulmonaire doublé de l'endothelium des capillaires des *infundibula*
et pénètrent dans le sang ; mais ils se

(1) Chauveau, *Gaz. méd.*, 1881, p. 220.
(2) Arloing , Cornevin et Thomas , *Acad. des
sciences*, 23 mai 1881.

garderaient bien de poursuivre leur route
là où ils pourraient rencontrer quelques
vestiges de tissu conjonctif : la tentation
serait trop forte et ils se refusent à recouvrer leurs propriétés malfaisantes.

Comment n'a-t-on pas compris qu'il
nous fallait donner des gages d'abnéga-
tion et de désintéressement, et lesquels
pouvaient être plus patents que ceux-là ?

C'est donc, je ne crains pas de le répéter, un traité de paix que nous avons
conclu. Nous ne le regrettons pas ; mais
nous voyons avec peine que, déjà, on
semble vouloir revenir en arrière, soit
en faisant le procès aux inoculations
préventives (1), soit en énumérant le grand
nombre de maladies pour lesquelles on
est exposé, dans un avenir peut-être
proche, à être vacciné de gre ou de
force (2).

(1) J. Guérin, *Acad. de médecine*, 11 octobre 1881.
(2) Ricklin, *Gaz. méd.*, 1881, p 530.

TABLE DES MATIÈRES.

⥽⟐⥼

Pages.

CHAPITRE I. — Pourquoi j'écris ces mémoires.
— Quelques mots de mes ancêtres. . .   7

CHAPITRE II. — Mon origine. — Mes premières
années   19

CHAPITRE III. — 1863. Mes premières aventures   25

CHAPITRE IV. — 1863-1867. Je vis dans la
solitude.   35

CHAPITRE V. — 1867. Un microbe dans une
caserne. — Il rentre dans le monde. —
Les microzymas   41

CHAPITRE VI. — 1868-1872. Les plantes grasses.
— Les mouches   49

CHAPITRE VII. — 1872-1875. L'erysipèle. —
Inoculations et antiseptiques. — Mes défenseurs. — Les chiffons, la ouate et les
chiens   57

CHAPITRE VIII. — 1875-1878. Le bon temps.— L'air optiquement pur. — A bas le microscope ! 73

CHAPITRE IX. — 1878. Le bouillon Liebig. — Le gigot de mouton. — La guerre des microbes. — Les poules refroidies . . . 85

CHAPITRE X. — 1879. Les tubes agités. — Les habits neufs. — Le respirateur à ouate. . 95

CHAPITRE XI. — 1880. Les nouveaux microbes. — Les moutons algériens. — Le choléra des poules. — Les stations de désinfection. — Comment on meurt par la méthode antiseptique 105

ÉPILOGUE. — 1881. Je m'avoue vaincu. — Je fais amende honorable. — Les virus-vaccins 115

Caen, Typ. F. Le Blanc-Hardel.

DU MÊME AUTEUR

Usage interne de l'eau de la mer, 1868 (*épuisé*).

Les Infusoires en médecine, 1872 (*épuisé*).

Étude sur Bretonnayau, médecin et poète au XVIe siècle, 2e édition (1877).   2 fr.

Lésions rénales dans le choléra (*Année médicale*, 1877).

Vers intestinaux (*Année médicale*, 1878-1879).